Галина Агафонова

Очерк по селекции лесных деревьев трёх областей Урала

AF153269

Галина Агафонова

Очерк по селекции лесных деревьев трёх областей Урала

LAP LAMBERT Academic Publishing

Impressum / Выходные данные

Bibliografische Information der Deutschen Nationalbibliothek: Die Deutsche Nationalbibliothek verzeichnet diese Publikation in der Deutschen Nationalbibliografie; detaillierte bibliografische Daten sind im Internet über http://dnb.d-nb.de abrufbar.
Alle in diesem Buch genannten Marken und Produktnamen unterliegen warenzeichen-, marken- oder patentrechtlichem Schutz bzw. sind Warenzeichen oder eingetragene Warenzeichen der jeweiligen Inhaber. Die Wiedergabe von Marken, Produktnamen, Gebrauchsnamen, Handelsnamen, Warenbezeichnungen u.s.w. in diesem Werk berechtigt auch ohne besondere Kennzeichnung nicht zu der Annahme, dass solche Namen im Sinne der Warenzeichen- und Markenschutzgesetzgebung als frei zu betrachten wären und daher von jedermann benutzt werden dürften.

Библиографическая информация, изданная Немецкой Национальной Библиотекой. Немецкая Национальная Библиотека включает данную публикацию в Немецкий Книжный Каталог; с подробными библиографическими данными можно ознакомиться в Интернете по адресу http://dnb.d-nb.de.
Любые названия марок и брендов, упомянутые в этой книге, принадлежат торговой марке, бренду или запатентованы и являются брендами соответствующих правообладателей. Использование названий брендов, названий товаров, торговых марок, описаний товаров, общих имён, и т.д. даже без точного упоминания в этой работе не является основанием того, что данные названия можно считать незарегистрированными под каким-либо брендом и не защищены законом о брендах и их можно использовать всем без ограничений.

Coverbild / Изображение на обложке предоставлено: www.ingimage.com

Verlag / Издатель:
LAP LAMBERT Academic Publishing
ist ein Imprint der / является торговой маркой
OmniScriptum GmbH & Co. KG
Heinrich-Böcking-Str. 6-8, 66121 Saarbrücken, Deutschland / Германия
Email / электронная почта: info@lap-publishing.com

Herstellung: siehe letzte Seite /
Напечатано: см. последнюю страницу
ISBN: 978-3-659-37467-8

Очерк по селекции лесных деревьев трёх областей Урала.

Оглавление

Вводная часть.

В настоящей работе приведены результаты изучения формового разнообразия хвойных растений основных лесообразующих пород учёными: Н.А. Коноваловым, Е.А. Пугачем, Н.Х. Хасановым, автором статьи и несколькими поколениями студентов лесохозяйственного факультета Уральского государственного лесотехнического университета (УГЛТУ). Эти исследования во многом основываются на обобщённых также автором данных производственных лесосеменных станций в трёх соседних областях Среднего Урала: Свердловской, Челябинской и Курганской (рис.1).

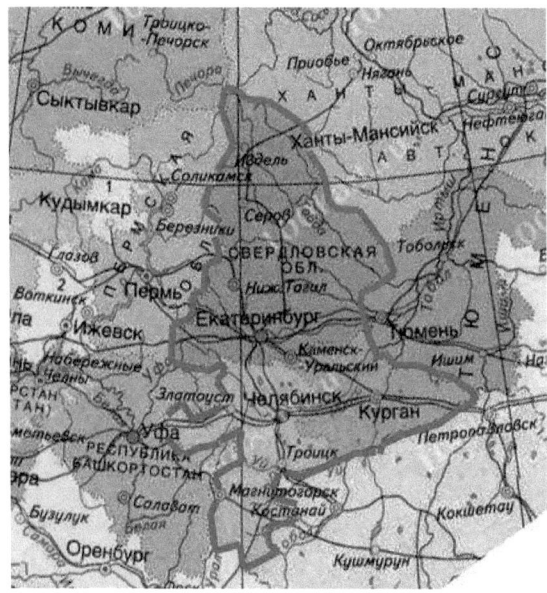

Рис. 1. Местоположение Свердловской, Челябинской и Курганской областей

Характеристика постоянной лесосеменной базы трёх областей Урала

Урал – регион, где переход на новые принципы лесопользования давно назрел в связи с истощением лесных ресурсов. Практика ведения лесного хозяйства в СССР, а потом и в России доказывает, что разработка естественно растущих насаждений с целью заготовки древесины не может обеспечить хозяйственно ценные свойства этого сырья. Также очевидными недостатками искусственно созданных насаждений взамен вырубленных естественных являются малая экологическая ценность, сравнительно низкое качество древесины и длительность процесса выращивания до возраста биологической спелости (в России 80-100 лет).

Вырубка естественных насаждений должна быть заменена заготовкой определённых сортиментов в специально выращиваемых для этого плантационных культурах, следствием создания и эксплуатации которых, безусловно, является сохранение биоразнообразия естественно растущих насаждений.

В 70-х годах прошлого столетия были сделаны попытки создать подобные культуры, в частности, в Свердловском управлении лесного хозяйства. И, хотя этот опыт не был широко распространён, но, очевидно, был учтён при введении в Лесной Кодекс РФ (2007) статьи № 42, говорящей, что на искусственно созданных лесных плантациях выращиваются лесные насаждения определенных пород (целевых) до возраста технической спелости, за счет которых обеспечивается получение древесины с заданными характеристиками.

Выращивание таких плантационных культур не может быть успешным без применения достижений лесной селекции, основой для которой в нашей стране является Единый генетико-селекционный комплекс (ЕГСК), все объекты которого составляют постоянную лесосеменную базу Российской Федерации (ПЛСБ).

ПЛСБ создавалась, в основном, специализированными по лесному семеноводству подразделениями (при обязательном методическом обеспечении со стороны научно-исследовательских учреждений).

Постоянную лесосеменную базу составляют аттестованные в соответствии с Указаниями по лесному семеноводству в РФ лесные селекционно-семеноводческие объекты (Указания..., 2001):

постоянные лесосеменные участки (ПЛСУ) – высокопродуктивные и высококачественные для данных лесорастительных условий участки насаждений или лесных культур известного происхождения, специально созданные (сформированные) для получения с них семян в течение длительного срока;

плюсовые насаждения – самые высокопродуктивные, высококачественные и устойчивые для данных лесорастительных условий насаждения.

При организации ПЛСБ выделяют и создают следующие селекционно-семеноводческие объекты:

плюсовые деревья – деревья, значительно превосходящие по одному или комплексу хозяйственно-ценных признаков и свойств окружающие деревья одного с ними возраста и фенологической формы, растущие в тех же условиях. Плюсовые деревья, обладающие высокой комбинационной способностью, выделяют в качестве элитных;

архивы клонов плюсовых деревьев – насаждения, создаваемые с использованием вегетативного потомства плюсовых деревьев в целях сохранения их генофонда и изучения наследственных свойств;

маточные плантации – насаждения, создаваемые с использованием вегетативного потомства плюсовых деревьев в целях их массового вегетативного размножения;

испытательные культуры – лесные культуры, создаваемые по специальным методикам семенным потомством плюсовых деревьев, плюсовых насаждений, ЛСП первого порядка и ПЛСУ с целью их генетической оценки;

лесосеменные плантации (ЛСП) – специально создаваемые насаждения, предназначенные для массового получения в течение длительного времени ценных по наследственным свойствам семян лесных растений. Лесосеменные плантации первого порядка (ЛСП I) – это плантации, создаваемые вегетативным или семенным материалом от плюсовых деревьев, не проверенных по семенному потомству в испытательных культурах. Лесосеменные плантации повышенной генетической ценности закладываются вегетативным потомством плюсовых деревьев, выделенных по результатам предварительной генетической оценки. Их создают в качестве промежуточного этапа между ЛСП первого и второго порядков в целях сохранения непрерывности селекционного процесса и использования первичного селекционного эффекта в практических целях. ЛСП II - плантации, создаваемые вегетативным потомством элитных деревьев.

географические культуры – опытные культуры, создаваемые семенным потомством наиболее характерных популяций нескольких экотипов (климатипов) с целью их испытания в новых условиях;

популяционно-экологические культуры – опытные культуры, создаваемые потомствами нескольких эдафотипов лучших для конкретного региона климатипов в двух-трех наиболее распространенных типах лесорастительных условий с целью их испытания.

лесной генетический резерват (ЛГР) – участок леса, типичный по своим фитоценотическим, лесоводственным и лесорастительным показателям для данного природно-климатического региона, выделяемый в целях сохранения генофонда конкретного вида. В Челябинской и Курганской областях, суммарно, их площадь составляет 38761 га, в Свердловской – 109627 га.

Большое количество указанных объектов расположено на Урале, в регионе, где вырубка леса производилась со времён Петра I (XVII век) крайне интенсивно. Особенно уменьшилось количество покрытых лесом площадей в наиболее обжитых регионах Уральского федерального округа (УрФО): Свердловской, Курганской и Челябинской.

По данным сайта Федерального агентства лесного хозяйства РФ земли лесного фонда этих областей расположены на площади 19700,5 га, что составляет 18% от площади лесного фонда УрФО (Официальный сайт…, 2015) (рис.2).

Рис. 2. Уральский федеральный округ.

Из всех субъектов Урала Челябинская область, вытянутая с севера на юг и расположенная в трёх климатических зонах (таёжной, лесостепной и степной), выделяется наибольшей разнородностью и сложностью растительного покрова, в том числе лесного. Постоянная лесосеменная база Челябинской области состоит из объектов, расположенных в четырех лесничествах: Златоустовском,

5

Верхне-Уральском, Нязепетровском и Чебаркульском. Последний занимает значительную площадь в зоне лесостепи и являлся головным предприятием по руководству селекционной деятельностью в лесхозах области (рис.3).

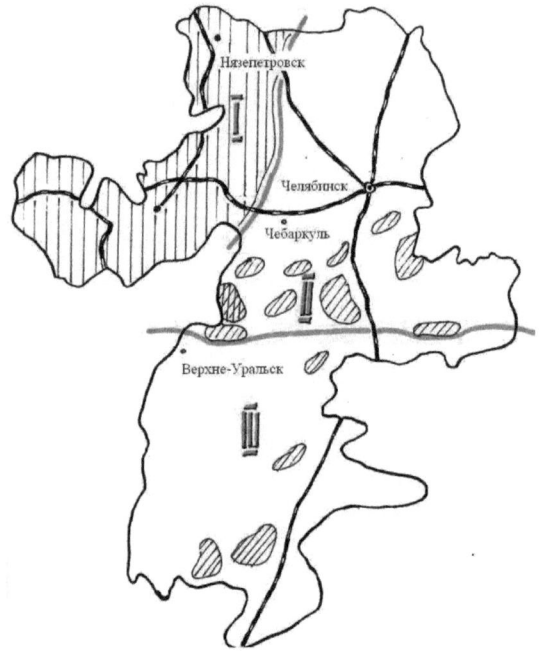

I Уральская горная лесорастительная область
II Западно-Сибирская равнинная область
III Сибирско-Казахстанская мелкосопочно-равнинная область
||||| площадь распространения ели сибирской
//// лесостепные и степные островные боры

Рис. 3. Схема расположения объектов ПЛСБ и границы распространения главных лесообразующих пород Южного Урала. (Составлена Н.Х.Хасановым).

На территории Курганской области произрастают растения различных древесных пород, что делает её достаточно необычной с точки зрения традиционного в РФ лесного хозяйства. Более 70% лесопокрытых площадей занимают мягколиственные деревья, около четверти – хвойные, на долю кустарников приходится менее 2% территории. В последние годы отмечается снижение количества площадей хвойных насаждений с одновременным увеличением мягколиственных. Покрытая лесом территория составляет 1511,10 тыс. га или 82,8% от общей площади лесного фонда Курганской области.

Большая часть объектов ЕГСК расположена в Юргамышском, Белозерском, Куртамышском и Курганском лесничествах.

Свердловская область находится внутри Евразийского континента на стыке двух частей света – Европы и Азии, в пределах Уральского горного хребта – Северного и Среднего Урала, а также Восточно-Европейской и Западно-Сибирской равнин.

Земли лесного фонда составляют 13666,3 тыс. га. В общей площади земель лесного фонда наибольший удельный вес составляют лесные земли (83,0 %) и болота (12,9 %).

Общая площадь лесов по состоянию на 01.01.2009 г. составляет 15997,1 тыс. га, или 82,3 % от площади Свердловской области, из них земель, покрытых лесом – 68,6 %, что позволяет отнести регион к многолесным районам.

Деятельность по лесному семеноводству и селекции сосредоточена в Сысертской лесной семенной станции на южной границе Свердловской области, в подзоне южной тайги. На территории Сысертского района произрастают уникальные высокобонитетные естественные насаждения сосны обыкновенной.

Объекты ЕГСК размещены, в основном, в Сысертском, Тугулымском, Ревдинском, Нижне-Тагильском лесничествах и Учебно-опытном лесхозе УГЛТУ (рис. 4).

Анализируя структуру ПЛСБ трёх областей, следует отметить, что при её создании не учитывались различия форм древесных растений, отбор которых представляет большой интерес как исходный материал для гибридизации. Биологические особенности многолетних древесных растений ограничивают применение в лесной селекции общеизвестных методов, требующих повторной смены поколений для определения характера наследования признаков, поэтому формы могут иметь значение диагностических характеристик (Молотков и др., 1982; Тарханов, 1998; Горбок, 2000; Мелехов и др., 2005; Павлов, Барабанова, 2005; Федосова, 2006 и пр.) (табл. 1).

Рис. 4. Карта Свердловской, Челябинской и Курганской областей с пунктами размещения географических культур (Составлена автором).

В государствах, ведущих активную лесохозяйственную деятельность (Xu Li-an и др., 1999; Hanners Mats, 2000; Shen Xihuan, 2005), и многих регионах Советского Союза (Матвеева, и др., 1998; Каплуновський, 1998; Золотой и др., 1998; Аникеев, 1999; Водин, 2001; Кулаков, 2001; Орнатский, Котов, 2002;

Федосова, 2006) большое внимание и средства уделялись плюсовой селекции. Вместе с тем ряд учёных считает работу с плюсовыми растениями ошибочной практикой, а использование их недопустимым в лесном хозяйстве (Концепция генетически устойчивого развития лесов, 2001; Видякин, 2011).

Автор разделяет последнюю точку зрения. Однако изучение плюсовых деревьев и насаждений следует продолжать, поскольку феномен этого явления определенно отмечается, в том числе и по нашим исследованиям (Агафонова, Булатова, 2008).

В начале обзора следует упомянуть о некоторой путанице в названиях предприятий лесного хозяйства. Переименование лесхозов (имеющих в составе одно или несколько лесничеств), вызвано объединением нескольких лесхозов в более крупное предприятие – лесничество, состоящее из участковых лесничеств и, следовательно, уменьшением общего количества организаций, ведущих лесохозяйственную деятельность.

Наиболее полные сведения об объектах ПЛСБ Сысертского спецсемлесхоза представлены в таблицах. Приводятся и анализируются сведения о лесосеменных и маточных плантациях, испытательных культурах и архивах клонов (рис. 4-13).

Основная производственная деятельность в Сысертской ЛСС велась на шести объектах ЕГСК.

Таблица 1. Сведения о селекционных объектах областей.

№	Объект ПЛСБ	Порода	Челябинская шт.	Челябинская га (аттестованы)	Курганская шт.	Курганская га (аттестованы)	Свердловская шт.	Свердловская га (аттестованы)
1.	Плюсовые деревья	С	385		248		482	
		Е	196				28	
		Лц	152		8		156	
		К					67	
		Прочие	50					
2.	Плюсовые насаждения	С		385	35	51,5		378,7
		Е		4,5				14,0
		Лц		48,5				4,6
		К						8,7
3.	ПЛСУ	С		450,2 (271,7)		24,1 (14,1)		5,0
		Е		193,1 (21,0)				10,7
		Лц		100,0 (83,0)				
		К						
4.	ЛСП-I	С	286	137,9 (68,3)		10 (0)		287,0
		Е	88	8,3 (0)				28,0
		Лц	75	28,5 (5,0)				11,1
		К	3	7,0 (1,0)				15,0
		Прочие	40	7,0 (0)				
5.	Географические культуры	С		11,4		17		13,2
		Е		4,6				1,0
		Лц		1,4				1,0
6.	Архивы клонов	С	98	5,8				8,6
		Е	17	1,7				
		Лц	75	7,5				3,0
		Прочие	12	3				
7.	Испытательные культуры	С	83	8,7				20,1
		Лц	28	1				
		Е						0,6
8.	Маточные плантации	С						23,3
		Лц						2,1

Лесосеменные плантации (ЛСП) – это те идеальные, с точки зрения лесного хозяйства, объекты, которые призваны служить постоянными поставщиками высококачественных семян с целью выращивания посадочного материала для регулярного создания лесных культур на активно вырубаемых лесных площадях. По этим причинам для создания ЛСП «Указаниями …» (2001) требуется использовать семенной и вегетативный материал с плюсовых деревьев и насаждений. Лишь ЛСП первой генерации могли быть сформированы с применением семян и клонов естественного происхождения. Характеристика некоторых объектов представлена в таблице 2 и рисунках 5-7.

Работа по созданию ЛСП II планировалась с использованием только вегетативных частей элитных деревьев, которые должны быть выращены из семенного материала плюсовых деревьев. Семена плюсовых деревьев, следуя «Указаниям…», предполагалось получать в результате контролируемой гибридизации родительских пар, генетическую ценность которых определяют по их общей и/или специфической комбинационной способности.

Для непрерывности сбора качественных семян лесосеменные плантации первого поколения планировалось постепенно переформировывать в ЛСП повышенной генетической ценности. С этой целью в непосредственной близости от ЛСП I должен был быть создан контрольный участок в естественных насаждениях, деревья на котором максимально соответствовали бы по таксационным характеристикам растениям указанной лесосеменной плантации первого поколения. Со временем, при удалении с ЛСП I растений, не прошедших отбор вследствие отставания в росте от контрольных экземпляров, формируются так называемые лесосеменные плантации повышенной генетической ценности (ЛСП п.г.ц.). Предполагалось, что они явились бы переходным этапом между действующими ЛСП I и формируемыми ЛСП II.

В названном регионе лесосеменные плантации повышенной генетической ценности и второй генерации не создавались.

11

СХЕМА
закладки лесосеменных плантаций
Кашинское лесничество, Сысертский лесхоз
М 1:10000

Объ-ект	По-ро-да	Год	Из мене ния	пло щадь /га/	схе ма пос.	к-во се мей	к-во кло нов	Атте ста ция	к-во Ряды С- Ю
ЛСП	С	1976	рекон стр. 1988 г	15	5x10	36		-	33
ЛСП	С	1977		15	5x10	34	-	1995	35
ЛСП	С	1978		15	5x10	49	-	1995	30
ЛСП	С	1979		15	5x10	23	-	1995	30
ЛСП	С	1980		15	5x10	46	-	1995	75
ЛСП	С	1981		15	5x10	30	-	1995	37
ЛСП	С	1982		15	5x10	54	-	1995	33
ЛСП	С	1983		15	5x10	44	-	1997	33
ЛСП	С	1984		15	5x10	41	-	1995	33
ЛСП	С	1986		15	5x10	23	-	1995	75
ЛСП	С	1988		20	5x10	39	-	1997	83
ЛСП	С	1990		15	8x8	20	20	1997	44
ЛСП	С	1992		15	8x8	-	72	1998	56
ЛСП	Кар	1994	2007г ПЛСУ	10,7	8x10	30	-	-	39
го				210,7					

№ п/п	МП Со-сны	пло щад ь /га/	схе ма пос.	к-во кло нов
1	1989	1,5		
2	1990	0,5	8x8	20
3	1991	0,5	8x8	30
4	1992	0,5	8x8	24
5	1993	0,5	5x5	15
6	1994	0,5	5x5	15
итог		4,0		

Субъект Российской Федерации **СВЕРДЛОВСКАЯ ОБЛАСТЬ**
Лесхоз **Сысертский**
Видовое название древесной породы **Сосна обыкновенная**

приложение №6

Паспорт
маточной плантации № ___

Год закладки – **1994** г № участка **1** Площадь участка, га **0,5** Количество клонов - **16**
1. **Местонахождение** :
Лесничество КАШИНСКОЕ квартал № 73 выдел № ___
Способ закладки - посадка под лопату привитым посадочным материалом по схеме размещения 5 х 5 м по раскорчёванной площади
Тип лесорастительных условий –Сосняк ягодниковый , дерново-подзолистая суглинистая почва ,разнотравье ,задернение среднее ,рельеф ровный
Схема привязки маточной плантации в квартале прилагается
Схема размещения клонов прилагается к паспорту
II.Описание плюсовых деревьев , представленных на маточном участке

№№ п/п	№№ дере-ва по реестру	Происхождение дерева (область, лесхоз, лесничество)	Количество прививок	Таксационные и лесоводственные особенности дерева (по паспорту)					
				Воз-раст	Н,м	Д,см	Очищае-мость от сучьев	селектируе-мый признак	Год аттеста-ции
1	2	3	4	5	6	7	8	9	10
1	913	Талицкий, Ургинское	11	105	35	46	18	фенотип	2003
2	915	-«-	21	105	35	48	20	фенотип	2003
3	908	-«-	11	105	35	47	20	фенотип	2003
4	922	-«-	22	105	34	44	21	фенотип	2003
5	912	-«-	22	105	33	42	16	фенотип	2003

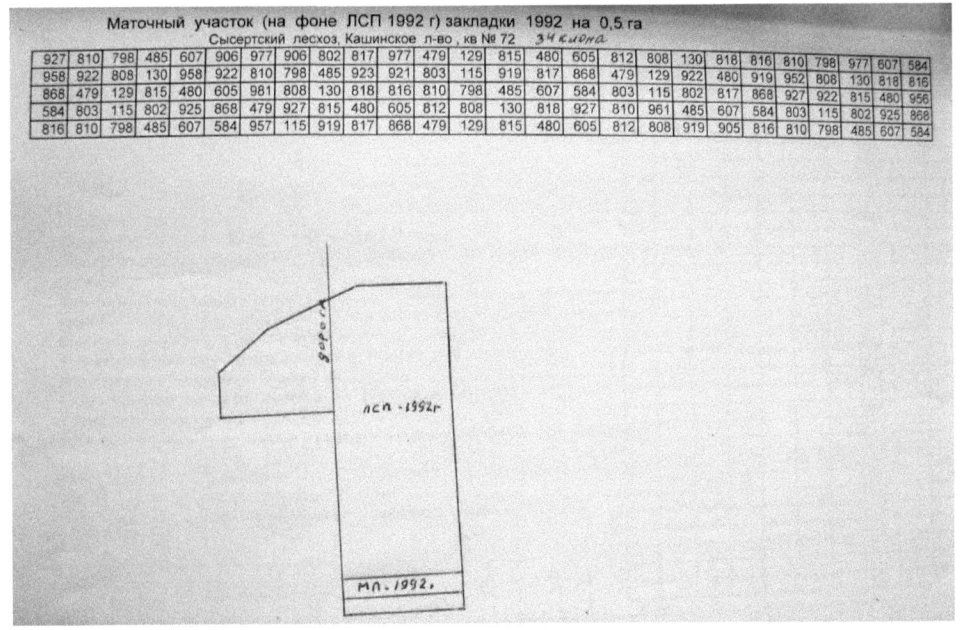

Рис. 5. Характеристика объектов ПЛСБ Сысертской лесосеменной станции (ЛСС): схема размещения лесосеменных плантаций, паспорт маточной плантации, сведения о маточном участке.

Приложение 3

Субъект Российской Федерации _Россия_
Лесхоз (лесопользователь _Сысертский_
Назначение (по целям селекции лесосеменная , маточная)
ЛЕСОСЕМЕННАЯ
Порядок ЛСП (1-й , повышенной генетической ценности или 2-й) _1-й_

ПАСПОРТ
лесосеменной (семейственной) плантации №__
сосны обыкновенной

Год закладки **1992г.** № поля плантации _2 поля_ (семьи + прививки-клоны)
Площадь плантации **15,0 га**
Категория получаемых семян (сортовые , улучшенные)-улучшенные

I.Местонахождение плантации:
Лесничество- Кашинское
Квартал № 66   Выдел №1

Расположение плантации в квартале (прилагается схема)

II. Описание участка , занятого плантацией:
Категория участка -вырубка
Рельеф, экспозиция и крутизна склона – волнистый С-2-3°
Тип лесорастительных условий 331 Сяг
Почва и почвообразующая порода бурые горно- лесные
Травяной покров и степень задернения-задернение среднее, разнотравье
Расстояние до ближайшего насаждения той же породы,м - примыкает
Расстояние до минусового насаждения той же породы ,м -
Краткая характеристика окружающих насаждений—ЛСП
1985,1988,1984,1990 гг
III. Способ создания плантации : посадкой привитых саженцев ; прививкой на подвойные культуры (указать возраст культур и фенологическую форму) посадкой сеянцев (саженцев),

(указать возраст растений); посевом (дуб , бук) ;- посадкой сеянцев 2-х лет с открытой корневой системой под меч Колесова- 4га + 11га привитым посадочным материалом

Агротехника подготовки участка и обработки почвы - _,сплошная корчёвка площади ,планировка и дискование

Схема посадки (посева): расстояния в ряду и между рядами (между центрами площадок), размеры площадок , число посадочных мест на 1га,число растений (лунок) в посадочном месте (площадке, отрезке ряда) и т.д
8м х 8м, 156 посадочных мест на 1 га

Субъект Российской Федерации <u>Россия</u>
Лесхоз (лесопользователь) <u>Сысертский</u>
Видовое название древесной породы(подвид,экотип,форма)<u>Сосна об</u>

**Описание плюсовых деревьев, представленных
на <u>лесосеменной</u> (маточной) плантации   1990 года.№**

номер плюсового дерева по реестру	Местонахождения дерева (республика, край, область,лесхоз,лесничество)	Возраст дерева на период аттестации лет	Тип леса	Таксационные показатели		Примечания (селектируемые признаки плюсового дерева)
				H м	D см	
1	2	3	4	5	6	7
	Клоновая ЛСП 1992г (11га)					
810	Сысертския,В-Сысертское	95		34	58	фенотип
798	-"-	95		33,5	47	фенотип
485	Талицкий, Уринское	95		37	45	-"-
607	-"-	95		32	48	-"-
584	-"-	95		33	42	-"-
803	Сысертский,В-Сысертское	95		35	42	-"-
115	Сысертский, Сысертское	110		33	49	-"-
802	Сысертский,В-Сысертское	95		34	48	-"-
817	Сысертский,В-Сысертское	95		34	48	
868	-"-	115		34	48	-"-
479	Талицкий, Уринское	95		31	38	-"-
129	Сысертский, Сысертское	125		34	55	-"-
815	Сысертский,В-Сысертское	95		34	47	-"-
480	Талицкий, Уринское	95		30	38	-"-
605	Талицкий, Уринское	95		33,5	40	-"-
812	Сысертский,В-Сысертское	95		33	43	-"-
808	Сысертский,В-Сысертское	95		33	42	-"-
130	Сысертский, Сысертское	125		32	45	-"-
818	Сысертский,В-Сысертское	95		34	52	-"-
816	Сысертский,В-Сысертское	95		34	47	-"-

Рис. 6. Характеристика объектов ПЛСБ Сысертской ЛСС: паспорт лесосеменной плантации и сведения о плюсовых деревьях.

В соответствии с нормативами плановые обследования ЛСП должны производиться в год закладки, спустя 3 года и 5 лет после закладки и в год аттестации. При аттестации вносят данные о различиях в количестве растений между клонами (семействами). Лесосеменная (клоновая+семейственная) плантация обследуется и зачисляется в состав постоянной лесосеменной базы специально созданной постоянно действующей комиссией.По материалам обследования составляют «Акт результатов обследования лесных селекционно-семеноводческих объектов».

15

На каждое аттестованное плюсовое дерево, плюсовое насаждение, ЛСП (ее поле или блок), маточную плантацию и ПЛСУ требуется составлять паспорт в трёх экземплярах, подписанный всеми членами комиссии и сохраняемый на протяжении всего существования насаждения как объекта ЕГСК.

Указанные документы должны храниться постоянно в низовом органе лесного хозяйства (в настоящее время – лесничестве), в региональном органе лесного хозяйства (в настоящее время в Свердловской области – Департамент лесного хозяйства) и в Центральной лесосеменной станции, городе Пушкино Московской области.

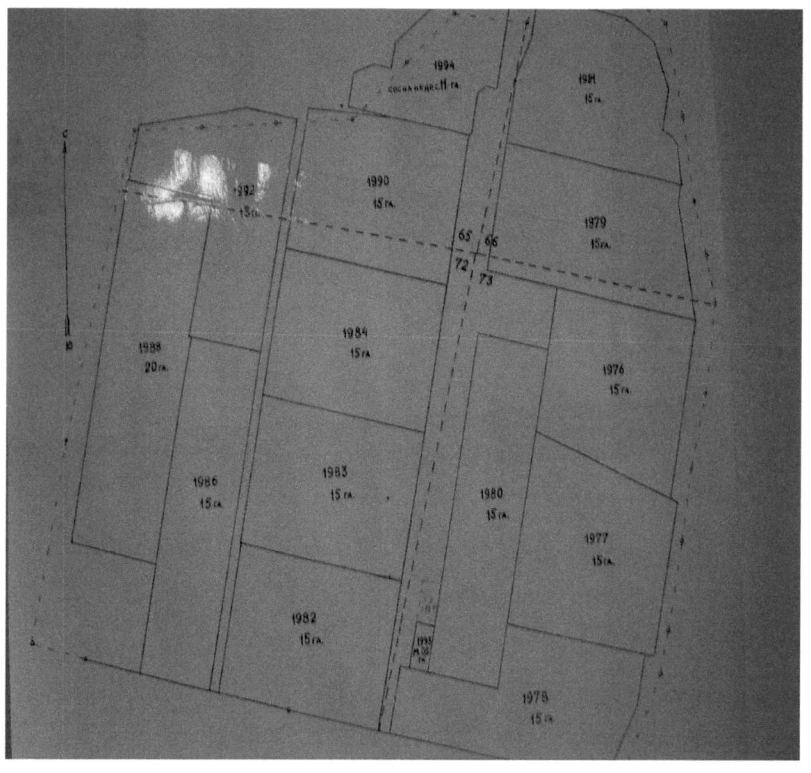

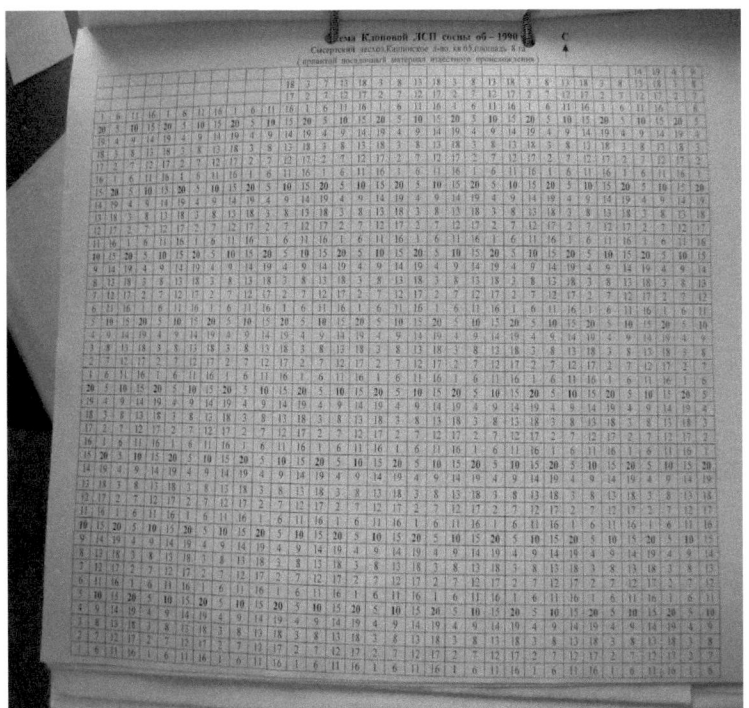

Рис. 7. Характеристика объектов ПЛСБ Сысертской ЛСС: аншлаг-схема размещения ЛСП по годам, сведения о клоновой ЛСП

В наших областях ЛСП более ценных типов не были заложены по разным причинам, в основном экономического порядка. Эти же обстоятельства не дают возможности использовать ЛСП I в полной мере.

Таблица 2. Лесосеменные плантации I генерации в Сысертском спецсеммехлесхозе (с 2010 г. Государственное казенное учреждение социального обслуживания «Сысертское лесничество»)

Номер	Год создания	Площадь, га	Количество клонов (семей)
		Сосна кедровая пятихвойная	
	1994	10,7	72
		Сосна обыкновенная	
	2004	5	40
	2002	5	25
	2001	6	40
	2000	9	47
	1998	3	27
	1996	10	50
	1995	6	30
	1992	15	72
12	1990	15	37клона+20сеянцев
11	1988	20	39
8	1986	15	23
7	1984	15	41
	1983	15	44
	1982	15	54
	1981	15	30клонов+32сеянца
	1980	15	46клонов+28сеянцев
	1979	15	23клона+19сеянцев
	1978	15	49
	1977	15	34
	1976	15	36
Итого		254	958

Маточные плантации плюсовых деревьев (табл.3) создавались с двумя целями: сохранения генофонда плюсовых деревьев в случае гибели и заготовки их вегетативного материала для архивирования. До вступления в силу Указаний по лесному семеноводству... в 2001г, эти участки назывались клоново-маточными, что в большей мере отражало их целевое назначение.

В Свердловской области эти объекты сосредоточены на территории Сысертской ЛСС (рис. 8-10).

место прививки

Рис.8. Объекты ПЛСБ Сысертской ЛСС: привитое растение с двумя стволами, клон с искривлённым стволом и погибшая прививка на клоново-маточном участке сосны обыкновенной 14-летнего возраста (Фото автора).

По сути, это плантации, на которых размещены пары подвойно-привойных комбинаций, каждая создана из материала одного и того же плюсового дерева. В этом случае прививки проводятся следующими способами: вприклад камбием на камбий; вприклад сердцевиной на камбий, в боковой зарез и, чаще всего, в расщеп верхушечной почки.

Маточные плантации созданы в период 1981-2005 гг. в Никольском и Кашинском лесничествах (ныне участковых, т.е. являющихся частью Сысертского лесничества). Их возраст составляет от 24 до 10 лет, некоторые клоны уже погибли по причине отторжения прививки.

При обследовании клоново-маточного участка закладки 1993 г. обнаружено существенное отличие в цвете хвои потомства одного и того же плюсового материнского дерева, определенном как формовой признак, предположительно рецессивным геном (генами). Отчетливо заметно изменение цвета хвои (желтоватый оттенок) одного экземпляра (рис. 9). Крона этого клона более плотная, чем у всех остальных растений на плантации, но наблюдается, как и у некоторых других, патологическое изменение цвета части хвои. Крона этого клона более плотная, чем у всех остальных растений на плантации.

Некоторые экземпляры начали плодоносить.

Рис. 9. Окраска хвои и плотность кроны привитого дерева в архиве клонов, Сысертская ЛСС (Фото автора).

Также следует отметить изменения габитуса отдельных привоев: искривления ствола, повреждения ветвей и ствола патологического характера и т.д., что является ещё одним доказательством ошибочности плюсовой селекции.

Создание испытательных культур даёт возможность отобрать лучшее по производительности (диаметру, высоте и качеству ствола) семенное потомство плюсовых деревьев. Это потомство, а также сами плюсовые деревья, которые превышают на 15% по высоте и на 30% по диаметру и комплексу качественных признаков средние показатели насаждения, в котором они отобраны, можно отнести к категории кандидатов в элитные деревья.

Таблица 3. Маточная плантация сосны обыкновенной Сысертского спецсеммехлесхоза

		Год создания	Площадь, га	Количество клонов, шт. всего/сохранившихся	Происхождение (лесхоз)
С ы с е р т с к и й л е с х о з	К а ш и н с к о е л е с н и ч е с т в о	1981,1982, 1985,1988	2,0	117/72	Асбестовский, Верх-Исетский, Камышловский, Сысертский, Тугулымский, Талицкий
		1990	0,5	20	Верх-Исетский, Асбестовский
		1991	0,5	34	Талицкий, Сысертский
		1992	0,5	30	Талицкий, Сысертский
		1993	0,5	16	Асбестовский
		1994	0,5	16	Талицкий
	Н и к о л ь с к о е л е с н и ч е с т в о	1995	3,5	32	Сысертский
		1996	3,0	39	Тугулымский
		1997	2,1	27	Сысертский
		1998	2,0	26	Сысертский, Припышминские боры
		1999	4,0	26	Сысертский, Припышминские боры
		2001	2,0	26	Сысертский
		2002	2,0	14	Сысертский
		2005	2,0	20	Сысертский

Из таблицы 3 следует, что сведения по погибшим и сохранившимся клонам представлены только за период ранее 1990 года. На плантациях более поздних годов закладки, судя по настоящим данным, погибших клонов нет.

Субъект Российской Федерации <u>Россия</u>
Лесхоз (лесопользователь) <u>Сысертский</u>
Видовое название древесной породы(подвид,экотип,форма)<u>Сосна об</u>

Описание плюсовых деревьев, представленных на лесосеменной (маточной) плантации № ____

номер плюсового дерева по реестру	Местонахо ждения дерева (республи ка, край, область,ле схоз,лесни чество)	Возраст дерева на период аттестации лет	Тип леса	Таксацион ные показатели		Примечан (селектир мые признаки плюсового дерева)
				D см	H м	
1	2	3	4	5	6	7
4	Сысертский, Каширское	130	Сяг	30,6	40	фенотип
5	Сысертский, Сысертское	140	-«-	30,4	42	фенотип
6	Сысертский, Сысертское	135	-«-	34,3	44	-«-
7	Сысертский Сысертское	135	Сяг	34	45	-«-
8	Сысертский Сысертское	135	-«-	31,3	44	-«-
9	-«-	135	-«-	31,3	44	-«-
10	-«-	130	-«-	33,6	48	-«-
11	Сысертский Щелкунское	120	-«-	35,2	43	-«-
12	Сысертский Сысертское	120	-«-	32,2	46	-«-
13	-«-	120	-«-	31	46	-«-
14	-«-	120	-«-	29,6	43	-«-
15	Камышловский Городское	155	Сбр	35,5	50	-«-
16		155	-«-	34,4	46	-«-
17	-«-	72	Стр	25	35	-«-
18	-«-	160	Сбр	36,5	45	-«-
19	Тугулымский Ертарское	105	Сяг	32,9	44	-«-
20		105	-«-	34,6	43	-«-
24	Талицкий Талицкое	100	-«-	32,3	42	-«-
25		103	-«-	32,4	45	-«-
26	-«-	100	-«-	32,3	43	-«-
27	-«-	100	-«-	32	48	-«-
29	-«-	100	-«-	30,6	43	-«-
30	-«-	100	-«-	31,2	42	-«-
31	-«-	100	-«-	33,3	44	-«-

Субъект Российской Федерации <u>СВЕРДЛОВСКАЯ ОБЛАСТЬ</u>
Лесхоз <u>СЫСЕРТСКИЙ</u>
Видовое название древесной породы <u>СОСНА ОБЫКНОВЕННАЯ</u>

приложение №4

ПАСПОРТ
МАТОЧНОЙ ПЛАНТАЦИИ

Год закладки – <u>2005 г</u> № участка_____Площадь участка, га <u>2,0</u> Количество клонов <u>20</u>
2. Местонахождение :
Лесничество <u>НИКОЛЬСКОЕ</u>   квартал №<u>70</u> выдел №____
Способ закладки - посадка под лопату привитым посадочным материалом по схеме размещения <u>5 х 8 м</u> по раскорчёванной площади
Тип лесорастительных условий –западно-сибирская равнинная лесная область,Зауральской холмисто-предгорной провинции сосново-берёзовых предлесостепных лесов . Участок расположен в южной части Сысертского лесхоза, в 10км от конторы Никольского лесничества и в 2км от деревни Новоипатово . Территория участка относится к умеренному тёплому, влажному подрайону, с достаточным количеством осадков.Продолжительность вегетационного периода -109-119 дней. Устойчивый снежный покров составляет 150-155 дней. Окружающие сосновые насаждения в радиусе 500м относятся к нормальным .
Схема привязки маточной плантации в квартале прилагается
Схема размещения клонов <u>прилагается</u> к паспорту
П.Описание плюсовых деревьев , представленных на маточной плантации:

№№ п/п	№№ дере-ва по реестру	Происхождение дерева (область, лесхоз, лесничество)	Количест во прививок	Таксационные и лесоводственные особенности дерева (по паспорту)					
				Воз-раст	Н,м	Д,см	Очищае-мость от сучьев	селектируе-мый признак	Год аттеста-ции
1	2	3	4	5	6	7	8	9	10
1	1323	Сысертский,Щелкунс кое,кв 36,в2	48	130	36	52	24	фенотип	2003

23

Схема закладки маточной плантации сосны об. 2005 г.

Сысертский лесхоз, Никольское л-во, кв 70, площадь 2,0 га, схема 5х8м
20 клонов, № деревьев по Госреестру

№ ряда	№ клона (по Госреестру)
1	1323
2	1323
3	1335
4	1330
5	1341
6	1343
7	1328
8	1332
9	1326
10	1333
11	1334
12	1324
13	1336
14	1322
15	1336 / 1340
16	1336 / 1321
17	1337
18	1339
19	1342
20	1338
21	1329

Рис.10. Характеристика объектов ПЛСБ Сысертской ЛСС: сведения о плюсовых деревьях, паспорт и схема маточной плантации.

В Сысертской ЛСС испытательные культуры созданы семенным потомством плюсовых деревьев, отобранных в пяти лесхозах Свердловской области (табл. 4).

Из таблицы следует, что испытательные культуры сосны обыкновенной создавались достаточно систематически, на протяжении 23 лет, начиная с 1981. Работы по их закладке не производились 2000, 1993-1991, 1989, 1985-1986 гг. В отдельные годы они одновременно организовывались не только в Сысерти, а вдобавок: в 1990г в Ачитском, в 1996-1997 в Тугулымском лесхозах.

Результатов испытания плюсовых деревьев в этих культурах материалами Сысертской ЛСС не представлено.

24

Таблица 4. Испытательные культуры плюсовых деревьев сосны обыкновенной

№ п/п	Год создания	Площадь, га	Номер плюсового дерева	Примечания	Локализация
1	2007	1	19		
2	2006	1	25		
3	2005	1	29		
4	2004	0,8	26		
5	2003	1,4	34		
6	2002	2,8	64		
7	2001	0,5	25		
8	1999	1	48		
9	1998	0,75	36		
10	1997	1,3	63	Происхождение: Асбестовский, Верх-Исетский, Сысертский, Талицкий, Тугулымский	Сысертский лесхоз
11	1996	0,69	31		
12	1995	0,7	44		
13	1994	0,5	25		
14	1990	0,5	40		
15	1988	0,6	27		
16	1987	0,5	23		
17	1984	1	39		
18	1983	1	33		
19	1982	1	16		
20	1981	1	29		
21	1990	0,6	30		Ачитский лесхоз
22	1997	1,4	52		Тугулымский лесхоз
23	1996	0,5	20		
	Итого	21,54			

В 2007 нами было изучено состояние архива клонов плюсовых деревьев сосны, созданного в 1994 г. методом прививки в корневую шейку. Материал для создания архива клонов заготавливался в 1-м выделе 62 квартала Ургинского лесничества Талицкого лесхоза (табл. 5).

Измерены: высота привитых деревьев, диаметр привоя на высоте 1,3м, визуально определялось состояние привитых деревьев. Также был вычислен процент погибших деревьев.

Таблица 5. Характеристика плюсовых деревьев

№ дерева по Госреестру	№ дерева по предпр.	Основные таксационные показатели			
		Возраст, лет.	Н, м / % превышения	Д, см / % превышения	Бессучковая зона, (м) / %
903	94	105	35 / 116,7	46 / 148,4	18 / 51,4
904	95	105	36 / 120	42 / 135,5	15 / 41,7
906	97	105	35 / 116,7	48 / 154,8	22 / 62,9
907	98	105	35 / 115,7	41 / 132,3	20 / 57,1
908	99	105	35 / 116,7	47 / 151,6	20 / 57,1
910	101	105	34 / 113,3	46 / 148,4	16 / 47,1
912	103	105	33 / 110	42 / 135,5	16 / 48,5
913	104	105	35 / 116,7	46 / 148,4	18 / 51,4
914	105	105	35 / 116,7	60 / 193,5	15 / 42,9
915	106	105	35 / 116,7	48 / 154,8	20 / 57,1
916	107	105	35 / 116,7	50 / 161,3	16 / 45,7
920	111	105	34 / 113,3	42 / 135,5	20 / 58,8
922	113	105	34 / 113,3	44 / 141,9	21 / 61,8
923	114	105	34 / 113,3	40 / 129	18 / 52,9
928	119	105	35 / 116,7	46 / 148,4	17 / 48,6
929	120	105	36 / 120	43 / 138,7	20 / 55,6

Установлено:

• Сохранность клонов 16 плюсовых деревьев варьирует в пределах от 36% (у потомства дерева № 916) до 91% (у потомства дерева № 920).

• Сухостойные клоны: 904 – 2 шт., 912 – 3 шт., 920 – 1 шт., всего 6 шт.

• Начали семеносить по одному клону деревьев под номерами 906, 907, 915.

• Присутствует двухвершинность у одного из клонов деревьев 904, 914, 915 и 923.

Показатели средних значений основных таксационных признаков отражены на гистограмме 1.

Данные измерений клонов 904, 906, 910, 915, 922 деревьев были обработаны методами биологической статистики.

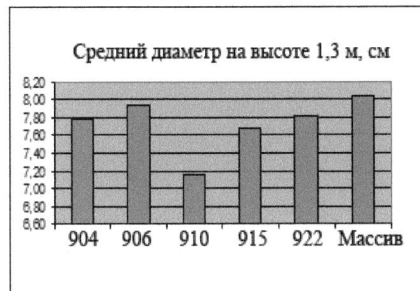

Гистограмма 1. Средние высота и диаметр измеренных клонов.

По данным гистограмм следует вывод, что клоны не достигают требуемого диаметра, а высота лишь клона дерева, имеющего по Госреестру номер 904, может быть установлена как плюсовая, поскольку превышает среднюю высоту всего массива более, чем на 50% (Агафонова, Булатова, 2008).

ПАСПОРТ
ИСПЫТАТЕЛЬНЫХ КУЛЬТУР ПОТОМСТВОМ ПЛЮСОВЫХ ДЕРЕВЬЕВ
СОСНЫ ОБЫКНОВЕННОЙ (PINUS SILVESTRIS)
1. Общие сведения

РОССИЙСКАЯ ФЕДЕРАЦИЯ ,СВЕРДЛОВСКАЯ ОБЛАСТЬ
СЫСЕРТСКИЙ СПЕЦСЕМЛЕСХОЗ ,ЩЕЛКУНСКОЕ Л-ВО,КВ.105, ЛИТ. 28
ГОД ЗАКЛАДКИ 1997 ГОД .
ПЛОЩАДЬ 1,3 ГА .
ЧИСЛО ИСПЫТЫВАЕМЫХ ПЛЮСОВЫХ ДЕРЕВЬЕВ 63 ШТУК .
СХЕМА : 64 ВАРИАНТА , ЧИСЛО РАСТЕНИЙ НА ОДНОЙ ДЕЛЯНКЕ 10 ШТУК , 4 ПОВТОРНОСТИ ;
РАЗМЕЩЕНИЕ РАСТЕНИЙ РЯДАМИ 3х1,5 М (ДЕЛЯНКИ НА ПЛОЩАДИ ПОВТОРНОСТИ
РАЗМЕЩЕНЫ СЛУЧАЙНО)
СПОСОБ ЗАКЛАДКИ : ПОСАДКОЙ 2-х ЛЕТНИХ СЕЯНЦЕВ ПОД МЕЧ КОЛЕСОВА ПО РОВНОЙ
РАСКОРЧЕВАННОЙ ПЛОЩАДИ ЧЕРЕЗ 1,5 М.
ХАРАКТЕРИСТИКА УСЛОВИЙ МЕСТОПРОИЗРАСТАНИЯ -323
II .ХАРАКТЕРИСТИКА ПЛЮСОВЫХ ДЕРЕВЬЕВ .

№№ ПП	НОМЕР ПО ГОСРЕЕСТРУ	ПРОИСХОЖДЕНИЕ : ОБЛАСТЬ , ЛЕСХОЗ ,ЛЕС-ВО ,КВАРТАЛ	ЧИСЛО ПОВТОРНО СТЕЙ	КОЛ-ВО РАСТЕ НИЙ ВО ВСЕХ ПОВТОР НОСТЯХ	ПРИМЕ ЧАНИЕ
1	2	3	4	5	6
1	976	СЫСЕРТСКИЙ,В-СЫСЕРТСКОЕ,15в3	4	40	
2	1067	ТУГУЛЫМСКИЙ,ЮЖНОЕ , КВ 117в1	4	40	
3	997	СЫСЕРТСКИЙ,В-СЫСЕРТСКОЕ,15в10	4	40	
4	987	СЫСЕРТСКИЙ,В-СЫСЕРТСКОЕ,15в10	4	40	
5	996	СЫСЕРТСКИЙ,В-СЫСЕРТСКОЕ,15в10	4	40	
6	1007	СЫСЕРТСКИЙ,В-СЫСЕРТСКОЕ,15в10	4	40	
7	995	СЫСЕРТСКИЙ,В-СЫСЕРТСКОЕ,15в10	4	40	
8	1001	СЫСЕРТСКИЙ,В-СЫСЕРТСКОЕ,15в10	4	40	
9	1072	ТУГУЛЫМСКИЙ,ЮЖНОЕ , КВ 117в1	4	40	
10	1003	СЫСЕРТСКИЙ,В-СЫСЕРТСКОЕ,15в10	4	40	
11	1034	ТУГУЛЫМСКИЙ,ЮЖНОЕ , КВ 117в1	4	40	
12	1014	СЫСЕРТСКИЙ,В-СЫСЕРТСКОЕ,15в10	4	40	
13	1013	СЫСЕРТСКИЙ,В-СЫСЕРТСКОЕ,15в10	4	40	
14	КОНТР.	БАЗИСНЫЙ ПИТОМНИК	4	40	
15	1005	СЫСЕРТСКИЙ,В-СЫСЕРТСКОЕ,15в10	4	40	
16	1062	ТУГУЛЫМСКИЙ,ЮЖНОЕ , КВ 117в1	4	40	
17	988	СЫСЕРТСКИЙ,В-СЫСЕРТСКОЕ,15в10	4	40	
18	1015	СЫСЕРТСКИЙ,В-СЫСЕРТСКОЕ,15в10	4	40	
19	1008	СЫСЕРТСКИЙ,В-СЫСЕРТСКОЕ,15в10	4	40	
20	1004	СЫСЕРТСКИЙ,В-СЫСЕРТСКОЕ,15в10	4	40	
21	999	СЫСЕРТСКИЙ,В-СЫСЕРТСКОЕ,15в10	4	40	
22	975	СЫСЕРТСКИЙ,В-СЫСЕРТСКОЕ,15в10	4	40	
23	1000	СЫСЕРТСКИЙ,В-СЫСЕРТСКОЕ,15в10	4	40	
24	998	СЫСЕРТСКИЙ,В-СЫСЕРТСКОЕ,15в10	4	40	
25	1053	ТУГУЛЫМСКИЙ,ЮЖНОЕ , КВ 117в1	4	40	
26	1045	ТУГУЛЫМСКИЙ,ЮЖНОЕ , КВ 117в1	4	40	
27	990	СЫСЕРТСКИЙ,В-СЫСЕРТСКОЕ,15в10	4	40	
28	1006	СЫСЕРТСКИЙ,В-СЫСЕРТСКОЕ,15в10	4	40	
29	1043	ТУГУЛЫМСКИЙ,ЮЖНОЕ , КВ 117в1	4	40	

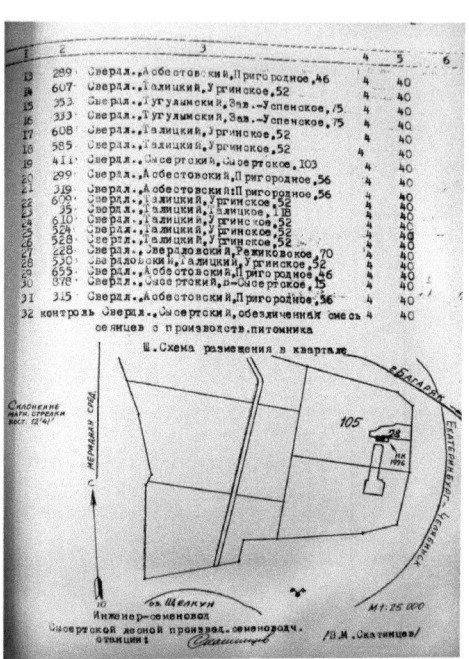

Рис.11. Характеристика объектов ПЛСБ Сысертской ЛСС: паспорт, паспорт и схема размещения в квартале испытательных культур.

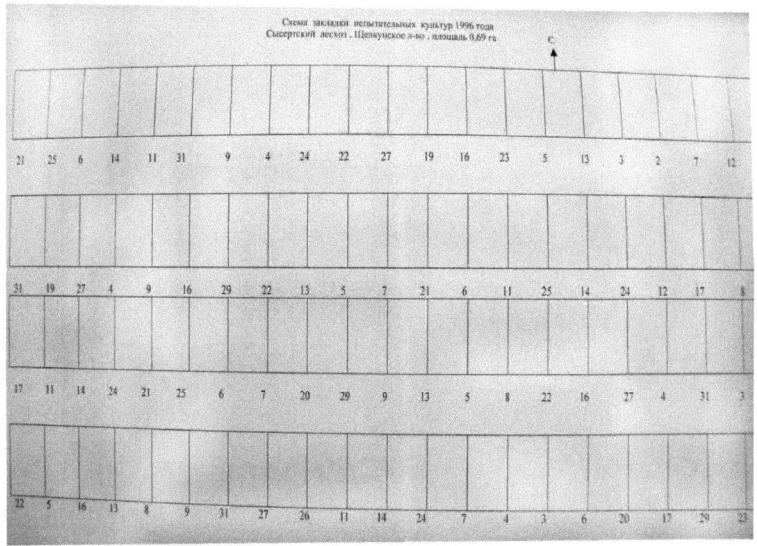

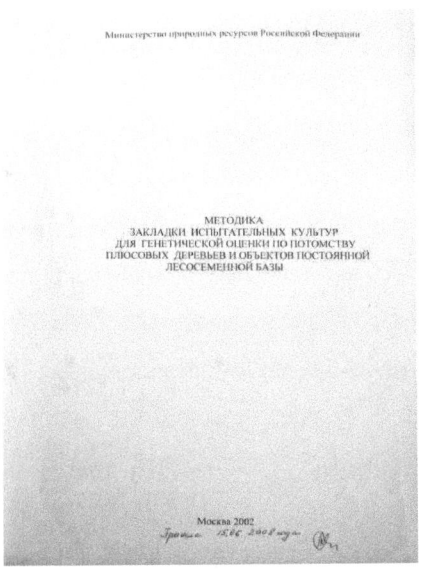

Рис.12. Характеристика объекта ПЛСБ Сысертской ЛСС – схема закладки и методические указания по закладке испытательных культур.

Архивы клонов закладывают в лучших типах лесорастительных условий для соответствующих видов лесных растений на участках, однородных по почвенным условиям и имеющих ровный рельеф (Указания…, 2001) (табл.6).

Таблица 6. Архивы клонов

Номер	Год создания	Площадь, га	Количество клонов (семей)	Происхождение (лесхоз)
Сосна обыкновенная				
1	2000	2	55	Асбестовский, Полевской, Сысертский, Тугулымский
2	2002	1,6	13	
31	2003-2004	4	53	
4	2005	1	20	
Лиственница Сукачёва				
5	2006	1	12	
6	2007	2	19	
	Итого	11,6	172	

С целью гарантированного сохранения генотипов плюсовых деревьев от стихийных бедствий, архивы клонов создают как минимум, в двух пунктах соответствующего региона, по той же технологии, что и ЛСП первого порядка, размещая их рядами. Каждый клон должен быть представлен в архиве не менее чем 15... 20 растениями. Схема фактического размещения клонов должна быть составлена так, чтобы исключить их самоопыление.

При необходимости архивы клонов могут быть использованы для заготовки небольших партий черенков с целью закладки или ремонта ЛСП.

В Сысертской ЛСС представлены архивы клонов сосны обыкновенной и лиственницы Сукачёва на общей площади более чем 11 га. За время существования архива наблюдается отрицательная динамика в размерах площадей.

Количество созданных клонов составляет 141 объект – сосна обыкновенная, 31 – лиственница Сукачёва.

Для каждого объекта предусматриваются свои схемы смешения и размещения деревьев на плантации, регулируются агротехнические приёмы посадки и ухода, ограничиваются минимальные размеры площадей, предусматривается размещение клонов с учётом направления преобладающих ветров.

Для ограничения заноса нежелательной пыльцы рекомендуется создавать кулисы из определённого для каждого объекта числа рядов деревьев другого вида. Они не должны быть промежуточными хозяевами патогенных организмов.

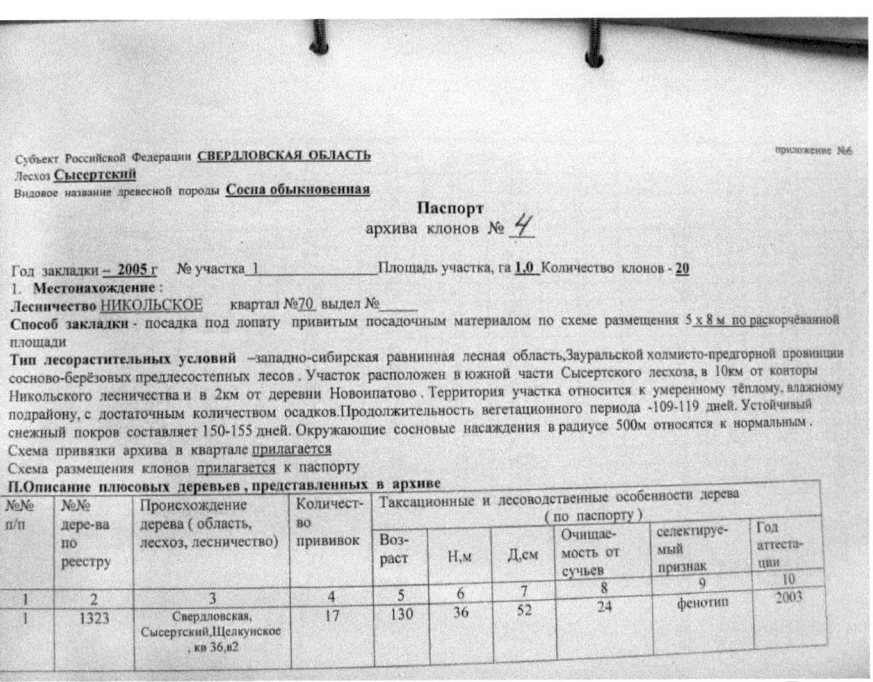

Схема закладки архива клонов 2005 г

Сысертский лесхоз , Никольское л-во , кв 70 , площадь 1,0 га, схема 5 x 8 м
20 клонов , № деревьев по Госреестру

1323	1323	1323	1323	1323	1323	1323	1323	1323	1323	1323	1336
1323	1323	1323	1323	1323	1323	1334	1334	1334	1334	1334	1336
1335	1335	1335	1335	1335	1335	1335	1335	1335	1335	1335	1336
1330	1330	1330	1330	1330	1330	1330	1330	1330	1330	1330	1336
1341	1341	1341	1341	1341	1341	1341	1341	1341	1341	1341	1336
1343	1343	1343	1343	1343	1343	1343	1343	1343	1343	1343	1336
1328	1328	1328	1328	1328	1328	1328	1328	1328	1328	1328	1336
1332	1332	1332	1332	1332	1332	1332	1332	1332	1332	1332	1336
1326	1326	1326	1326	1326	1326	1326	1326	1326	1326	1326	1336
1333	1333	1333	1333	1333	1333	1333	1333	1333	1333	1333	1336
1334	1334	1334	1334	1334	1334	1334	1334	1334	1334	1334	1336
1324	1324	1324	1324	1324	1324	1324	1324	1324	1324	1324	1336
1336	1336	1336	1336	1336	1336	1336	1336	1336	1336	1336	1336
1322	1322	1322	1322	1322	1322	1322	1322	1322	1322	1322	1336
1340	1340	1340	1340	1340	1340	1340	1340	1340	1340	1340	1336
1321	1321	1321	1321	1321	1321	1321	1321	1321	1321	1321	1336
1337	1337	1337	1337	1337	1337	1337	1337	1337	1337	1337	1336
1339	1339	1339	1339	1339	1339	1339	1339	1339	1339	1339	1336
1342	1342	1342	1342	1342	1342	1342	1342	1342	1342	1342	1336
1338	1338	1338	1338	1338	1338	1338	1338	1338	1338	1338	1336
1329	1329	1329	1329	1329	1329	1329	1329	1329	1329	1329	1336

С
Ю

Рис. 13. Характеристика объектов ПЛСБ Сысертской ЛСС: паспорт и схема закладки архива клонов сосны обыкновенной.

Постоянные лесосеменные участки основных лесообразующих пород были созданы почти в каждом лесхозе Урала. С их помощью пытались решить проблему нехватки семян в неурожайные годы для проведения активной лесокультурной деятельности. ПЛСУ создавали по нескольким методикам.

Основой обычно служили естественные насаждения или лесные культуры. Способ состоял в организации на этих участках системы рубок таким образом, чтобы к возрасту спелости сформировалось насаждение со 150-300 деревьями на 1 га. Несмотря на чёткие указания по формированию и уходу за ПЛСУ со стороны государства, их эффективность была низкой.

Также, на основании личных наблюдений, отмечено угнетённое состояние, например, культур сосны обыкновенной в Варненском участковом лесничестве Карталинского лесничества Челябинской области. Поскольку насаждение выращивается на южной границе ареала сосны обыкновенной, оно регулярно повреждается хвоегрызущими насекомыми и отстаёт в росте.

Насаждения в ПЛСУ, особенно сформированные на базе лесных культур, ещё более подвержены влиянию природных факторов, чем естественные. Свою роль бесперебойных поставщиков качественных семян они не выполняли, постепенно работа на них была прекращена, поскольку сбор шишек и производство семян делались экономически невыгодным.

В заключение следует отметить, что большинство нормативных требований к деятельности на объектах ЕГСК в Свердловской области выполняется.

На основании представленных сведений от плюсовой селекции, как метода, видимо, следует отказаться, но генетические исследования плюсовых деревьев и насаждений должны быть продолжены в связи с их установленными очевидными преимуществами в скорости роста и наилучшими морфологическими особенностями.

Очевидно, что без достижений лесной селекции невозможно развитие плантационного лесоводства. Используемые для этого растения должны иметь определённые формовые характеристики и ускоренные темпы роста, приобретённые в результате целенаправленной работы селекционеров. В настоящее время в селекции лесных древесных растений используются семена, собранные в естественных насаждениях неквалифицированными кадрами, в основном, местным населением и лесозаготовителями. Такой семенной материал не имеет соответствующего целям селекции и производства качества и, как следствие, должен заготавливаться с предназначенных для этого объектов ЕГСК.

Поскольку с экономической точки зрения генетический анализ лесных деревьев ограничен в настоящее время, гибридизация является мероприятием сложным, а продолжительность жизни древесных растений не даёт возможности проверить их по потомству, то лесоводами на протяжении всего времени активной вырубки леса разрабатываются косвенные методы отбора перспективных растений. Для этого исследуется связь морфологических признаков с хозяйственно ценными качествами: темпами роста, качеством древесины, формой ствола и т.д., во многом с применением методов биологической статистики.

Морфологические признаки сосны обыкновенной и двух видов ели

К числу признаков, имеющих значение в селекции хозяйственно значимых лесных древесных растений, традиционно относят: форму ствола, характеристики коры (трещиноватость, цвет и т.д.), цвет, размеры и количество генеративных органов и хвои, форму кроны, шишек, апофизов у сосны; тип ветвления и чешуек шишек ели и т.д. Меньше внимания уделяется изучению связи морфологических признаков и ценных качеств лиственных деревьев, не в такой степени важных для экономики России.

Между тем у этих растений также неоднократно описаны морфологические различия и предприняты попытки связать их с хозяйственными характеристиками: у берёзы повислой цвет и фактуру коры (рис. 14) с плотностью древесины; у осины цвет коры, триплоидию с подверженностью сердцевинной гнили и т.п.

Рис. 14. Формы коры берёзы повислой в УУОЛ (Фото автора).

Постоянная лесосеменная база, как основа селекционных исследований в лесном хозяйстве в современном виде была сформирована в Советском Союзе в 60-70 гг. XX века. В это время закладывается разветвлённая сеть географических культур на всей его территории.

Методика их создания не была универсальной и зависела во многом от условий того или иного предприятия. В частности, в государственном (в то время) лесном фонде Свердловской области географические культуры сосны имеют в Нижне-Тагильском лесхозе блочную структуру (внутри каждого блока ряды), в УУОЛ – рядовую (ряд – один экотип), а в Ревдинском, или, например, в Нязепетровском лесхозах Челябинской области, ряды повторяются на площади культур 2-3раза.

Географические лесные культуры – это не только прием выявления высокопродуктивных видов, форм и рас древесных пород. Они имеют существенное значение в деле сохранения биоразнообразия древесных растений. Опыты с географическими культурами в настоящее время являются важнейшим, а часто единственным основанием для рекомендаций по использованию того или иного источника репродуктивного материала (рис.15).

Регион	Лесхоз
Республика Эстония	Килинги-Ныммеский
Республика Литва	Игналинский
Республика Латвия	ЛОС "Калснава"
Псковская область	Островской
Республика Белоруссия	Могилевский
Смоленская область	Велижский
Ленинградская область	Тихвинский
Брянская область	Жуковский
Новгородская область	Боровичский
Курская область	Курский
Тверская область	Калининский
Калужская область	Ульяновский
Московская область	Серпуховский
Ярославская область	Переяславский
Вологодская область	Вологодский
Владимирская область	Андреевский
Рязанская область	Шиловский
Воронежская область	Теллермановский
Ивановская область	Кинешминский
Костромская область	Галичский
Нижегородская область	Кулебакский
Республика Мордовия	Вышинский
Пензенская область	Мокшанский
Самарская область	Тольяттиновский
Ульяновская область	Мелекесский
Кировская область	Кировский
Кировская область	Уржумский
Татарстан	Сабинский
Оренбургская область	Бузулукский
Кировская область	Кирсинский
Удмуртская республика	Глазовский
Удмуртская республика	Ижевский
Пермская область	Оханский
Башкортостан	Бирский
Пермская область	Октябрьский
Челябинская область	Катав-Ивановский
Челябинская область	Кусинский
Свердловская область	Березовский
Свердловская область	Сысертский
Свердловская область	Алапаевский
Свердловская область	Гаринский
Свердловская область	УНПКГЛП
Курганская область	Шадринский
Тюменская область	Заводоуковский
Тюменская область	Урайский
Тюменская область	Дубровинский
Республика Казахстан	Алексеевский
Новосибирская область	Ордынский
Алтайский край	Барнаульский
Новосибирская область	Болотнинский
Красноярский край	Минусинский
Красноярский край	Ермаковский
Республика Бурятия	Улан-Удинский
Читинская область	Красночикойский
Читинская область	Чернышевский
Читинская область	Хилокский

1 Местные	7 Челябинская область Каслинский лесхоз	13 Оренбург-ская область Бузулукский бор	19 Удмуртская республика Воткинский лесхоз	25 Республика Марий Эл Сернурский лесхоз
2 Алтайский край Барнауль-ский лесхоз	8 Свердловская область Гаринский лесхоз	14 Курганская область Куртамыш-ский лесхоз	20 Удмуртская республика Кезский лесхоз	26 Республика Марий Эл Куярский лесхоз
3 Тюменская область Урайский лесхоз	9 Свердловская область Таборинский лесхоз	15 Пермская область Кутаевский лесхоз	21 Удмуртская республика Балезинский лесхоз	27 Чувашская республика Чебоксар-кий лесхоз
4 Челябинская область Верхне-Уральский лесхоз	10 Свердловская область Исовский лесхоз	16 Пермская область Кудымкар-ский лесхоз	22 Удмуртская республика Красногор-ский лесхоз	28 Нижегород-ская область Кулебакский лесхоз
5 Челябинская область Златоустов-ский лесхоз	11 Местные	17 Удмуртская республика Сарапуль-ский лесхоз	23 Башкирская республика Салаватский лесхоз	29 Калининград-ская область Калининград-ский лесхоз
6 Челябинская область Ашинский лесхоз	12 Кировская область Зуевский лесхоз	18 Удмуртская республика Камбарский лесхоз	24 Башкирская республика Белебеевский лесхоз	

Рис. 15. Схемы размещения географических культур сосны обыкновенной в УУОЛ (Учебно-опытном лесхозе УГЛТУ) (слева) и Нижне-Тагильском лесничестве Свердловской области (Составлено автором).

Создание государственной сети географических культур основных лесообразующих пород призвано ответить на вопрос об оптимальности применения инорайонных семян (обычно связанной с неурожайными годами) из различных, достаточно удаленных друг от друга регионов страны, охватывающими достаточно большой ареал.

Нашими работами установлено, что при выращивании в одинаковых почвенно-климатических условиях растения различного географического происхождения существенно отличаются в росте по высоте и динамике прирастания, а также имеют ряд специфических особенностей морфо-анатомического строения и физиологических процессов, что указывает на генетическую, биологическую, а, следовательно, и лесоводственную неоднородность и изученных пород.

В географических культурах Свердловской области представлены подвиды сосны обыкновенной по комплексу морфологических признаков, которые описывались Л.Ф. Правдиным в 1964 г.: обыкновенная, лапландская; сибирская, крючковатая и кулундинская (табл.7).

В период 1993-2002 гг. автором были обследованы более 700 деревьев в УУОЛ, Нижне-Тагильском и Ревдинском лесхозах, выполнено более 8,5 тыс. таксационных замеров и измерено 96 тыс. морфо-анатомических параметров хвои.

Ежегодно после окончания вегетационного периода (в сентябре) проводились замеры высоты и диаметра деревьев на высоте 1,3 м.

Полученные результаты были обработаны по стандартной статистической методике на ПК при помощи программы STATGRAF.

Таблица 7. Характеристика подвидов сосны по Л.Ф.Правдину

Наименование подвидов	Место произрастания	Продолжительность жизни хвои, лет	Среднее число смоляных ходов в хвое, шт	Средняя длина хвои, см	Средняя длина шишек, см
1.Сосна обыкновенная, лесная. Pinus sylvestris L., subsp. sylvestris.	В Европейской части СССР южнее 62 и Западной Европе, кроме Крыма и Кавказа.	3-4	8-12	4-6	3-5
2.Сосна крючковатая. Pinus sylvestris L., subsp. Hamata (Steven) Fomini.	В Крыму и на Кавказе.	3-4	4-8	4-7	2-5
3. Сосна лапландская. Pinus sylvestris L., subsp. lapponica Fries.	Севернее 62 с.ш. в Европе и Азии	4-6	8-10	3-3,5	3-3,5
4. Сосна сибирская. Pinus sylvestris L., subsp. sibirica, Ledebour.	В Азии восточнее линии Сыктывкар – Пермь – Карталы.	5-6	8-10	4–5,5	4-5
5.Сосна степная или кулундинская. Pinus sylvestris L.,subsp. kulundensis Sukachevi.	В степной зоне Азиатской части СССР в изолированных борах южнее 52 с.ш. и Забайкалье	5-6	12-14	6-8	5-7

По результатам изучения сосны обыкновенной в географических культурах установлено, что большей устойчивостью к засухе и морозоустойчивостью обладают сосны, заложенные семенами, заготовленными в юго-западных или юго-восточных по отношению к Свердловской области районах Российской Федерации, имеющих более континентальный или более засушливый климат, или местные экотипы. Критерием засухо- и зимостойкости экотипов сосны в условиях Свердловской области может служить прямая зависимость стабилизации веса хвои от времени; с другой стороны, показатели окончательного веса хвои и испаренной за день влаги не информативны.

Морфо-анатомические признаки, сопряженные с наследственным аппаратом – размеры проводящего цилиндра и хвоинки взаимосвязаны и наиболее устойчивы у сосен западного происхождения. Количество смоляных ходов не оказывает определяющего влияния на исследованные морфо-анатомические параметры хвои. Площадь поверхности и длина хвои являются показателями успешности адаптации и развития культур сосны, выращенных из семян различного происхождения и выше также у западных экотипов.

Установлен ряд общих закономерностей изменчивости некоторых биологических и лесоводственных свойств и признаков сосны, связанных с географическим происхождением. Подтверждено наличие изменчивости в устойчивости культур различного происхождения к неблагоприятным условиям среды, выражающееся в более активной работе фотосинтетического аппарата. Степень его развития зависит как от влияния местных условий выращивания, так и от передающихся семенному потомству под воздействием различных генных комплексов биологических особенностей, на которые влияют широтно-зональные условия происхождения. Тщательность подбора этих условий по принципам лесосеменного районирования играет значительную роль в жизнедеятельности вновь создаваемых древостоев.

Преимущественным ростом по высоте и лучшей динамикой прироста обладают сосны западного происхождения и из районов Пермской и Челябинской областей, расположенных ближе к границам Свердловской области, превосходя по этому признаку местные и восточные экотипы (рис. 16).

Рис. 16. Различия в высоте экотипов сосны обыкновенной в географических культурах УУОЛ.

Уменьшение различных морфо-анатомических и таксационных параметров с уменьшением значений долготы ведёт к предпочтению использования западных и юго-западных происхождений.

Разнообразие в проявлении биологической устойчивости восточных по отношению к региону исследований происхождений обусловливается большими различиями экологических условий на территории Сибири.

Доказанная различными авторами широтная и долготная векторизованность продуктивности географических культур в наших экспериментах подтвердилась не во всех случаях. Нередко более продуктивными оказываются культуры отдалённых географических происхождений. Так, для обследованных лесхозов средней (Нижне-Тагильский) и южной (УУОЛ и Ревдинский) тайги Свердловской области, высокопродуктивными в сравнении с местными представителями оказались тринадцать экотипов, по большей части западного, как неоднократно отмечалось, происхождения. Они далеко выходят за рамки регламентации перемещения семян, приведенной в «Лесосеменном районировании ...» (1982). Установлены различия между продуктивными и местными экотипами по высоте, диаметру на высоте 1,3м и объёму ствола. На основании вышеперечисленных данных рекомендуется расширить перечень предприятий, которые могут быть поставщиками семян для лесохозяйственных предприятий РФ.

Общая закономерность изменения различных качеств состоит в том, что чем дальше от материнского источника происхождения выращивается потомство, тем ярче выражаются различия в его морфоанатомических, физиологических и габитуальных свойствах, которые не исчезают при выращивании в новых условиях.

Следует отметить, что географические культуры хозяйственно ценных древесных растений создавались в СССР семенами, присланными из различных лесхозов без учёта генетических особенностей полученного материала. Исследования с использованием методов векторно-корреляционного анализа позволили выявить гомогенные группы и объединить Уральскую провинцию с провинциями востока Русской равнины и Восточно-Казахстанской. При этом дисперсионный анализ влияния географического происхождения семян на примере девяти изученных лесорастительных провинций на суммы приростов за 14 лет показал, что действие изученного фактора достоверно.

Показано, что Уральская лесорастительная провинция и провинция востока Русской равнины объединяются в гомогенную группу, то есть изученные образцы генофонда популяций сосны в этих провинциях наиболее близки.

Наиболее тесное сходство признака зависимости средней суммы приростов от географического происхождения семян, определенного на основе лесосеменного районирования наблюдается у местных экотипов с некоторыми южноуральскими и северо-западными. При этом отсутствовало сходство с экотипами забайкальского происхождения.

Векторно-корреляционный анализ также показал преимущества перемещения семян из западных регионов на Урал.

Необходимо отметить, что экотипы сосны, расположенные на территории одного лесосеменного района могут достоверно отличаться по ростовым характеристикам, а представители разных лесосеменных районов могут иметь сходные показатели (Шавнин и др., 2002).

Исследования сосны обыкновенной в географических культурах позволяют уточнить рекомендации для практического лесовосстановления и искусственного лесоразведения на принципах лесосеменного районирования.

При проведении исследований физических и посевных качеств семян сосны обыкновенной в научных работах УГЛТУ были описаны различные цвета их кожуры: чёрный, белый, коричневый, пёстрый и сделана попытка связать эти свойства с таксационными признаками. Результаты этих исследований достоверно доказали отсутствие подобных взаимоотношений. Однако установлено, что белые семена чаще бывают пустозернистыми, чем другие цветовые варианты.

Также учёные лесохозяйственного факультета УГЛТУ занимаются изучением такого пигмента в хвое, как хлорофилл двух форм «а» и «б» по отдельности и суммарно. Выявлено, что в онтогенезе хвоя деревьев сосны различного возраста, также как и сама разновозрастная хвоя, неодинаковы по содержанию хлорофилла форм «а», «б» и суммарного «а+б» и обладает сезонной изменчивостью. Исследования хлорофилла в хвое географических экотипов подтвердили отсутствие прямого отношения к скорости роста и энергии накопления сухого вещества. Интенсивность фотосинтеза в хвое географических культур сосны обыкновенной не имеет достоверной связи с широтой и долготой местности происхождения (Любименко, 1915).

Морфология ели европейской и сибирской (оба вида растут на Урале достаточно часто в одних и тех же древостоях) отличается специфическими особенностями (Тарханов, 1998; Кречетова, Карасёва, 1997).

Большое количество работ учёных и студентов УГЛТУ посвящено изучению внешних признаков этих пород и связи их с деловыми качествами.

Также проведены исследования по этой тематике в искусственных насаждениях г. Екатеринбурга.

Форму коры у ели следует отнести к наиболее изученным признакам. Чаще всего в уральских лесах встречается чешуйчатокорая форма, максимально привязанная по распространению к разнотравно-зеленомошным типам ельников. С улучшением условий произрастания доля деревьев с гладкой и трещиноватой корой возрастает, достигая максимума в ельнике кисличнике (рис. 17).

| Чешуйчатокорая | Пластинчатокорая | Гладкокорая |

Рис. 17. Формовое разнообразие коры ели (Фото Н.Х. Хасанова).

Максимальной высоты достигают также деревья с трещиноватой и чешуйчатой корой. Наименьшим ростом обладают пластинчато- и гладкокорые экземпляры. Эта же закономерность отмечалась и в географических культурах ели.

Количество типов ветвления ели, описываемых разными исследователями различно. В 1938 г. В.Н. Сукачёв описал четыре типа: щётковидная, гребенчатая, плоская, неправильно-гребенчатая, но некоторые исследователи устанавливают до одиннадцати форм ветвления (рис. 18). Отмечается их приуроченность к определённым типам леса. Достаточно часто встречается определение компактного типа ветвления.

Отмечено, что формовое разнообразие у древесных растений начинает проявляться не ранее 30-40-летнего возраста, а тип ветвления может отличаться у одного экземпляра в зависимости от возраста ветвей, т.е. расположения их на различной высоте, что можно заметить на рис.18. Чаще всего тип ветвления определяется в средней части кроны (Молотков и др., 1982).

Исследователи УГЛТУ отмечают преобладание щётковидного и плосковетвистого ветвления во всех изученных типах леса. Самый высокий процент елей с щётковидным типом встречается в ельнике поручейном.

Наибольшим ростом обладают деревья с щётковидным и неправильно-гребенчатым ветвлением (почти 40%). Нижнюю часть полога составляют деревья с плоским типом ветвления. Эта же тенденция выявлена в географических культурах ели европейской и сибирской в Свердловской области.

Корреляционный анализ не установил связи между типами ветвления и формой коры, что свидетельствует о генетической обособленности этих форм друг от друга, но наиболее часто со всеми типами строения коры встречается щетковидная форма ели.

Рис. 18. Типы ветвления ели:1 – щетковидный; 2 – неправильно-гребенчатый; 3 – гребенчатый; 4 – плоский (Фото автора).

По таксационным показателям (высота и диаметр на высоте 1,3м), формы коры достоверно отличаются друг от друга, если их объединить в группы: гладко- и чешуйчатокорая – одна; трещиноватая и пластинчатокорая – вторая. В первой группе несколько более низкие показатели у гладкокорой, во второй – у пластинчатокорой.

Скорость роста в высоту и по диаметру на высоте 1,3м наиболее высока для сочетания гребенчатого типа ветвления с трещиноватой формой, щётковидного ветвления с чешуйчатой корой. Объём ствола дерева также увеличивается более быстрыми темпами у указанных форм.

Ещё в ХХ в. было отмечено, что динамика роста форм ели по тому или иному морфологическому признаку для разных регионов различна. Приведённые сведения достоверны для исследуемого района.

На улицах г. Екатеринбурга произрастает несколько форм ели сибирской. Наиболее часто встречаются три, выделяемые по типу ветвления: плоская, щётковидная, гребенчатая.

Установлено, что расположение деревьев ели разных форм по отношению к автомагистрали по-разному влияет на отдельные параметры хвои (Вишнякова, 2009).

Наибольшие значения по периметру поперечного сечения хвои за период 2005-2006 гг. имеет ель с щётковидным типом ветвления, в зонах как с сильным так и слабым загрязнением.

Влияние условий произрастания на периметр поперечного сечения хвои наиболее проявилось у ели щётковидного типа ветвления. С.В. Вишнякова (2009) установила достоверные различия по этому признаку в зависимости от высоты расположения ветвей и удалённости от проезжей части автомобильных путей. В средней части кроны обнаружено наибольшее расхождение размеров по этому показателю. Он увеличивается по мере отдаления от проезжей части.

Изучение указанным автором длины хвои разных форм позволило сделать вывод, что в средней части кроны хвоя длиннее, чем в нижней, и наиболее четко это проявляется у ели с плоским типом ветвления. Разница в показателях длины хвои в средней и нижней частях кроны деревьев ели плосковетвистого типа, произрастающей на расстоянии 34 м от автомагистрали, составляла в 2005-2006 гг. – соответственно 16% и 11%. У деревьев других морфологических форм явных различий по длине хвои не установлено.

В нижней части кроны у всех морфологических форм в 2006 году хвоя имеет большую длину, чем в 2005 году. Делается предположение, что при более стабильной световой обстановке в нижней части кроны заметнее проявляется влияние погодных условий.

При сравнении изученных показателей внутри различных форм отмечено уменьшение площади поверхности хвои ели щётковидного типа ветвления при приближении к дороге, а у хвои ели гребенчатого типа ветвления площадь поверхности хвои не изменяется в зависимости от степени загрязнения.

Выявлено, что хвоя ели с гребенчатым типом ветвления имеет более высокие морфометрические показатели по сравнению с хвоей других форм, а наиболее реактивной, отражающей влияние степени загрязнения характеристикой, является площадь поверхности хвои.

У ели с щётковидным типом ветвления при приближении к дороге изучаемый показатель за два года имеет тенденцию к уменьшению, а у ели с гребенчатым типом ветвления она не установлена. Внутри морфологических форм разница по годам не существенна.

В средней части кроны на приросте текущего года ясно наблюдается разница между площадью хвои ели с щётковидным ветвлением и другими типами. Примерно одинаковые морфологические характеристики хвои имеют ели с плоским и гребенчатым типом ветвления.

Кроме того С.В. Вишнякова установила, что все параметры хвои средней части кроны превосходят те же показатели в нижней части. Для ели с щётковидным типом ветвления в среднем за 2 года разница в средней зоне загрязнения меньше, чем в зоне сильного загрязнения на 9%. Для ели с плоским типом ветвления в средней зоне загрязнения – более 4%, чем для ели с гребенчатым типом.

Средняя длина хвои ели с нерегулярно-гребенчатым типом ветвления превышает длину хвои ели с щётковидным типом ветвления в среднем на 15%, независимо от зоны загрязнения. В зоне слабого загрязнения длина хвои больше, чем в зоне среднего у ели с нерегулярно-гребенчатым типом – на 12,6%, с щётковидным типом ветвления – на 10,6%.

В представленном очерке сделана попытка обобщить опыт ведения лесной селекции в трёх наиболее обезлесенных регионах Урала и выявить перспективы её развития как одного из факторов прогресса в лесном хозяйстве, что в дальнейшем послужит его переводу на современные, щадящие и экологичные направления.

Эта работа посвящается моим учителям и коллегам, бескорыстно и самоотверженно трудившимся для процветания российского леса и на пользу будущим поколениям: Николаю Хасановичу Хасанову, Вере Александровне Шаргуновой, Юрию Васильевичу Лебедеву, Тамаре Ивановне Заровнятных.

Библиография

Hanners Mats, Eriksson Urban, Wennström Ulfstand Лесосеменные плантации сосны обыкновенной и ели европейской в Швеции – описание с анализом будущих поставок семян. Tall-och granfröplantager i Sverige – en beskrivning mod analys av framtida fröförsörjung / Hanners Mats, Eriksson Urban, Wennström Ulfstand // Redogorelse / Stiftelsen skogebrukets forskningsinst. – 2000. - №1. – С.1 – 36. – Швед.; рез. Англ.

Shen Xihuan // Rinboku no ikushu = Forest. Breed. - 2005. - № 215. - С. 1-6. - Яп.; рез. англ. Улучшение деревьев в Китае и его перспективы в ближайшем будущем / Shen Xihuan // Rinboku no ikushu = Forest. Breed. - 2005. - № 215. - С. 1-6. - Яп.; рез. англ.

Xu Li-an. Wang Zhangrong, Cao Hanyang Изучение изменчивости свободноопыляемого потомства плюсовых деревьев Pinus massoniana в пров. Фуцзянь / Xu Li-an. Wang Zhangrong, Cao Hanyang // Fujian linxueyuan xuebao = J. Fujian Coll. Forest. — 1999. — 19, № 2. — С. 114—117 — Кит.: рез. англ.

Агафонова Г.В., Булатова Л.В. Изучение состояния плюсовых деревьев сосны в архиве клонов. Социально-экон. и экол. проблемы лесн. комплекса в рамках концепции 2020. Материалы всеросс. науч.-практ. конфер. 2008.

Аникеев Д.Р. Анализ индивидуальных особенностей плюсовых деревьев сосны обыкновенной //Соц.-экон. и экол. пробл. лес. комплекса : Тез. докл. междунар. науч.-техн. конф., Екатеринбург, [1999]. – Екатеринбург, 1999. – С. 217. – Рус.

Видякин А.И. Оценка эффективности плюсовой селекции сосны и ели. Видякин А.И. // Международные совещания по сохранению лесных генетических ресурсов Сибири. Тез. докл. [Электронный ресурс] / А.И. Видякин. – Красноярск - 23-29 августа 2011.

Вишнякова С.В. Лесоводственно-экологические особенности видов темнохвойных в посадках г. Екатеринбурга: автореферат диссертации на соискание ученой степени кандидата сельскохозяйственных наук [Электронный ресурс] / С.В. Вишнякова. - Екатеринбург – 2009.

Водин А.В. Анализ роста полусибов кедра сибирского в различных экологических условиях / А.В. Водин // Плодоводство, семеноводство, интродукция древесных растений : Материалы 2-ой Всероссийской научно-практической конференции с международным участием, Красноярск, 8-9 дек., 1999 – С. – 31-33. – Рус.

Горбок В.М. Зимостойкость хвойных интродуцентов в степной зоне России / В.М. Горбок // Бюл. Гл. ботан. сада РГУ - 2000. - № 179. - С. 8-11. - Рус.; рез. англ.

Золотой А.В., Рощина Е.А, Малкин В.Ю. Генотипическая оценка плюсовых деревьев ели европейской / Золотой А.В., Рощина Е.А, Малкин В.Ю. / Науч. тр. / Моск. гос. ун-т леса. — 1998. — № 297. — С. 37—39. - Рус.

Каплуновский П. Усовершенствование лесного семеноводства, охрана и воспроизведение генофонда лесных пород (Закарпатье). Вдосконалення лісового насінництва, охорона відтворення генофонду лісових порід (Закарпаття) / Каплуновський П. // Карпат. регіон і проблеми стал. розвитку Матер міжнар. наук.-практ. конф., присвяч. 30-річчю Карпат, біосфер заповід., Рахів, 13—15 жовтня, 1998. Т. 2. — Рахів, 1998. — С 57 — Укр.

Концепция генетически устойчивого развития лесов / Авров Ф.Д. // Проблемы лесоводства и лесовосстановления на Алтае : Тезисы докладов 1 Международной конференции, Барнаул, 25-26 апр., 2001. - Барнаул, 2001. - С. 42-44. - Рус.

Кречетова Н.В., Карасёва М.А. Эколого-физиологическая разнокачественность популяций хвойных в Среднем Поволжье / Кречетова Н.В., Карасёва М.А. // Экология и генет. популяций : Сб. матер Всерос. популяц. семин., Йошкар-Ола, 5-9 февр, 1997. - Йошкар-Ола, 1997. - С. 147-149. - Рус.

Кулаков В.Е.Состояние плюсовых деревьев сосны в Читинской области. / Кулаков В.Е. // Лес. х-во. – 2001. - №3. – С.43 – Рус.

Лесосеменное районирование основных лесообразующих пород в СССР. М., Лесная промышленность, 1982. 368 с.

Матвеева Р.Н. Буторова О.Ф, Щерба Н.П. Рациональное использование кедровых популяций Сибири / Матвеева Р.Н. Буторова О.Ф, Щерба Н.П. // Актуал. вопр. геол. и геогр. Сибири : Матер. науч. конф., посвящ. 120-летию основания Томск. гос. ун-та. Томск, 1-4 апр., 1998, Т.3.- Томск. 1998. - С. 196-198. - Рус.

Молотков П.И., Патлай И.Н., Давыдова Н.И. Селекция лесных пород / П.И.Молотков, И.Н.Патлай, Н.И. Давыдова [и др.]. – М. : Лесная промышленность, 1982. – 223 с.

Орнатский А.Н., Котов М.М. Анализ семенного потомства плюсовых деревьев лиственницы сибирской - интродуцентов в Республике Мордовия /

Орнатский А.Н., Котов М.М. // Экол. и леса Поволжья. - 2002. - № 2. - С. 308-314. - Рус.; рез. англ.

Официальный сайт Федерального агентства лесного хозяйства РФ http://www.rosleshoz.gov.ru/dep/ural/regions 06.02.2015

Павлов И.Н., Барабанова О.А. Влияние географического происхождения сосны обыкновенной на форму ствола / Павлов И.Н., Барабанова О.А. // Лесной и химический комплексы - проблемы и решения: Всероссийская научно-практическая конференция, Красноярск, 12-14 окт., 2005, посвященная 75-летию Сибирского государственного технологического университета : Сборник статей по материалам конференции. Т. 2. - Красноярск, 2005. - С. 169-179. - Рус.; рез. англ.

Тарханов С.Н. Изменчивость ели в географических культурах Республики Коми / Тарханов С.Н. — Екатеринбург. Изд-во УрО РАН, 1998. - 195 с. : ил. - Рус. - ISBN 5-7691-0829-0

Указания по лесному семеноводству в Российской Федерации. М.: 2001.

Федосова Т.В. Принципы формирования лесосеменной базы и культур сосны «меловой» в Белгородской области / Т.В. Федосова // Плодоводство, семеноводство, интродукция древесных растений : Материалы 9 Международной научной конференции, Красноярск, 20-21 окт., 2006. - Красноярск, 2006. - С. 163-167. - Рус.

Шавнин С.А., Агафонова Г.В., Юсупов И.А. Анализ возрастной динамики осевых приростов географических культур сосны обыкновенной. / С.А. Шавнин, Г.В. Агафонова, И.А. Юсупов // Леса Урала и хозяйство в них. Екатеринбург, УГЛТУ, 2002.